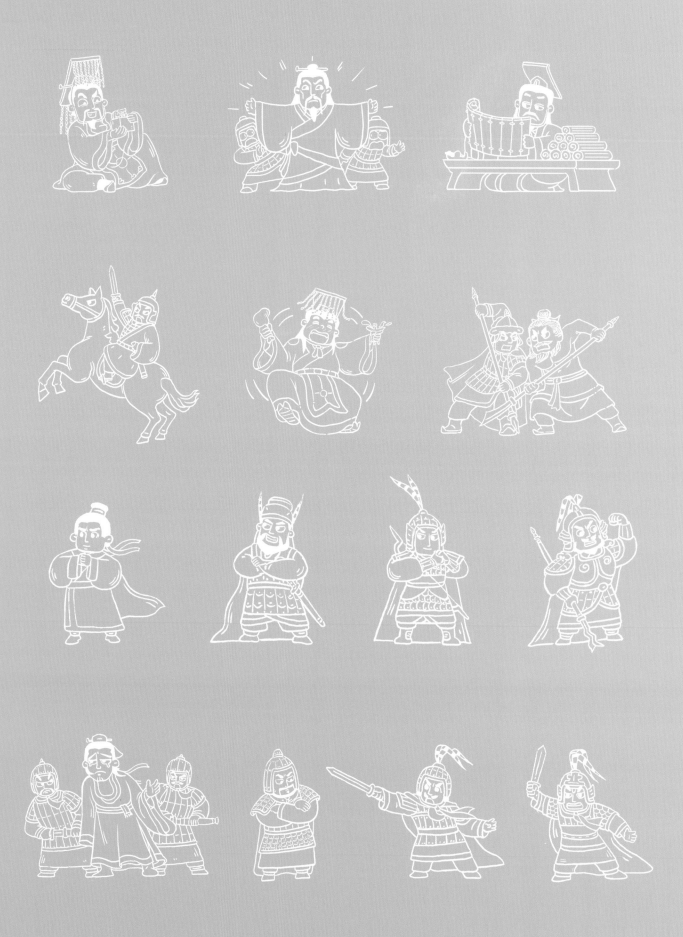

歷史解謎遊戲書

我在三國當神探

段張取藝 著

新雅文化事業有限公司
www.sunya.com.hk

歷史解謎遊戲書

我在三國當神探

作　　者：段張取藝

文字編創：李勇志

繪　　圖：李勇志

責任編輯：陳奕祺

美術設計：劉麗萍

出　　版：新雅文化事業有限公司

　　　　　香港英皇道499號北角工業大廈18樓

　　　　　電話：(852) 2138 7998

　　　　　傳真：(852) 2597 4003

　　　　　網址：http://www.sunya.com.hk

　　　　　電郵：marketing@sunya.com.hk

發　　行：香港聯合書刊物流有限公司

　　　　　香港荃灣德士古道220-248號荃灣工業中心16樓

　　　　　電話：(852) 2150 2100

　　　　　傳真：(852) 2407 3062

　　　　　電郵：info@suplogistics.com.hk

印　　刷：中華商務彩色印刷有限公司

　　　　　香港新界大埔汀麗路36號

版　　次：二〇二四年七月初版

原書名：《我在古代當神探 ── 我在三國當神探》

著/ 繪：段張取藝工作室（段穎婷、張卓明、馮茜、周楊翎令、李勇志、黃易柳、舒貝、楊嘉欣、肖嘯、謝榮）

中文繁體字版 © 我在古代當神探 ── 我在三國當神探 由接力出版社有限公司正式授權出版發行，非經接力出版社
有限公司書面同意，不得以任何形式任意重印、轉載。

ISBN：978-962-08-8416-0

Traditional Chinese Edition © 2024 Sun Ya Publications (HK) Ltd.

18/F, North Point Industrial Building, 499 King's Road, Hong Kong

Published in Hong Kong SAR, China

Printed in China

小咕嚕

　　有一隻叫作小咕嚕的神獸，牠的學名叫作獬豸（粵音蟹自）。牠長得既像羊又像麒麟，身上有着細密的絨毛，頭上頂着長長的獨角。小咕嚕翻開了一本有魔法的書，被瞬間帶回了三國時期。各位小神探必須解答出這個時代每一個案件中的謎題，才能將小咕嚕帶回現實世界。

　　小神探，你能答疑解難，任務通關，讓小咕嚕成功從書中脫身嗎？

目錄

玩法介紹

 閱讀案件資訊，了解案件任務。

案件的背景

需要完成的任務

翻頁進入案發現場。

 案發現場，關鍵發言人的對話對解謎有重要作用。

圓圈顏色對應畫面同色的對話框。

士兵乙

如果官職相同，則比較他們所帶的軍隊人數，人數多的座次靠前。

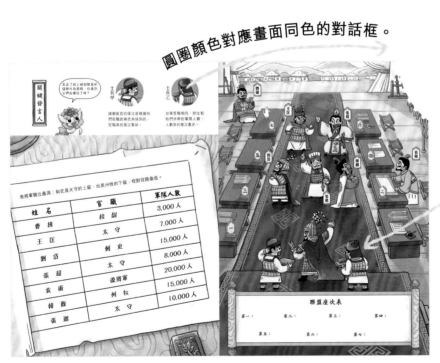

姓名	官職	軍隊人數
曹操	校尉	3,000 人
王匡	太守	7,000 人
劉岱	刺史	15,000 人
張超	太守	8,000 人
袁術	後將軍	20,000 人
韓馥	州牧	15,000 人
張邈	太守	10,000 人

後將軍職位最高；刺史是太守的上級，也是州牧的下級；校尉官階最低。

聯盟座次表

第一：　　第二：　　第三：　　第四：

第五：　　第六：　　第七：

重要提示：

相同顏色的對話框是同一個任務的線索。

任務一

任務二

任務三

部分案件需要用到貼紙道具。

 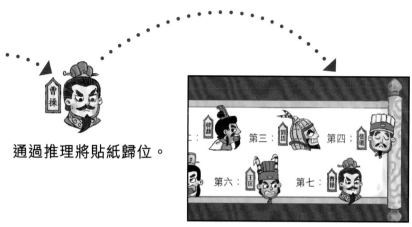

通過推理將貼紙歸位。

 恭喜你通過任務。想知道案件的全部真相,
請翻看第 51 至 55 頁的答案部分。

你能找到我嗎?

 每一個案發現場都有小咕嚕的身影,快去找
出牠吧!想知道答案,請翻看第 56 頁。

三國風雲詩

黃巾軍起漢室危，董賊篡政激羣憤。

天子猶如籠中雀，羣雄好似虎龍爭。

烏巢烈焰照夜空，官渡一戰時局更。

南陽諸葛隆中臥，興復大計腹中成。

周郎巧設連環計，孟德美夢化虛影。

雲長勇武震華夏，兄弟輕敵使命殞。

武侯北伐竭思慮，司馬蟄伏納九州。

歷史滾滾赴奔湧，唯有謎案今朝存。

快救出我吧，小神探。

妙計平紛爭

案件難度：⭐

　　東漢末年，董卓獨攬朝政，引起了朝廷內外不滿。諸郡長官一起推舉渤海太守袁紹為盟主，組成聯軍討伐董卓。為了表示對郡長官的重視，這次會盟的座位安排格外重要。小神探，你能幫助袁紹合理安排好大家的座位嗎？

案件任務

一 有三位長官的佩劍不小心弄丟了，你能幫他們找到嗎？

二 將各長官正確排序，並用貼紙將他們貼在座次表中。

弄丟了的三柄劍都是用猛獸作為裝飾，你看到它們在哪兒了嗎？

士兵甲

諸郡長官的座次是根據他們官職的高低來排列的，官職高的座次靠前。

士兵乙

如果官職相同，則比較他們所帶的軍隊人數，人數多的座次靠前。

後將軍職位最高；刺史是太守的上級，也是州牧的下級；校尉官階最低。

姓 名	官 職	軍隊人數
	校 尉	3,000人
曹 操	太 守	7,000人
王 匡	刺 史	15,000人
劉 岱	太 守	8,000人
張 超	後將軍	20,000人
袁 術	州 牧	15,000人
韓 馥	太 守	10,000人
張 邈		

聯盟座次表

第一：　　　　第二：　　　　第三：　　　　第四：

第五：　　　　第六：　　　　第七：

答案在第 51 頁 ▶

～挾天子以令天下～

　　小神探幫助袁紹安排好郡長官的座位。討董戰爭後不久，由於內部意見分歧，聯軍在董卓遷長安不久後便瓦解了。朝廷大臣內鬥，董卓被其親信所殺，漢獻帝被迫逃出長安，最終被曹操帶到許昌。公元一九六年（建安元年），曹操開始挾天子以令天下。

結盟那些事

為了對抗強大的敵人，人們會結盟，共同抗敵。

最古老的結盟

　　炎帝與黃帝的結盟是中國典籍中最早的一次結盟。當時九黎族的首領蚩尤異常勇猛，黃帝提議與炎帝結盟，共同對抗蚩尤，最終在涿鹿之戰中大敗蚩尤。

人數最多的結盟

　　早期的朝代實行分封制，功臣與宗室有自己的地盤。商朝末期，紂王昏庸無道，當時有八百諸侯結盟對抗紂王。

最鬆散的結盟

　　戰國時期六國眼見秦國崛起，便組成聯盟合縱攻秦，但是六國成員各懷異心，最後被秦國逐個擊破。

最蝕本的結盟

　　北宋末年金國崛起，宋徽宗派人與金人會盟共同伐遼。過程中，金人見宋軍不堪一擊，便在打敗遼國後轉而攻宋，最後北宋滅亡。

夜送衣帶詔

案件難度：⭐ ⭐

　　曹操將漢獻帝控制起來，假借他的名義號令天下。相傳，心有不甘的漢獻帝在衣帶上寫下求救詔書，讓岳父董承帶出皇宮。皇宮裏危機四伏，到處都是曹兵。小神探，你能幫助董承逃出皇宮嗎？

◈ 案件任務 ◈

一　找到能夠逃出皇宮的宮門。

二　找到一條安全的出逃路線。

漢獻帝

有些御林軍貪財，只要弄清楚各個宮門有多少人把守，就可以悄悄混出城去。

宦官甲

我打聽到今晚西門有三個士兵和兩個軍官，北門有三個士兵和一個軍官，東門有兩個士兵和兩個軍官，南門有六個士兵。

14

宦官乙

錢給得夠，御林軍就能偷偷放行。每個士兵要給兩百錢，每個軍官要給四百錢，而董大人只帶了一千錢。

宦官丙

鎖定了某個出逃宮門後，就要找到一條通向它的安全路線！

宮女

宮裏站崗的是曹兵，他們與御林軍不同，碰到宮外之人會進行抓捕，所以一定要選一條繞開他們的路。

答案在第 52 頁 ▶

衣帶詔事件

在小神探的幫助下，董承成功將詔書帶出宮去，並聯合了一些反對曹操的大臣，打算刺殺曹操。但事情最終敗露，大臣紛紛被曹操緝拿，可憐的漢獻帝被曹操派人看得更緊了。此時佔據河北的袁紹得知了這個情況，認為是打敗曹操的好時機，於是率軍南下，一場大戰蓄勢待發！

權臣那些事

「權臣」指的是那些有權有勢、專橫的大臣，他們可能是宦官、謀臣、宰相等，其勢力強大到威脅統治者的政權穩定。

> 這是馬，不是鹿！

首個干政的宦官

秦朝的趙高是歷史上首個干政的宦官。趙高在朝堂上指鹿為馬，獨攬朝政，加速了秦朝的滅亡。

被下屬所殺的宰相

唐玄宗寵幸妃子楊玉環，讓楊玉環的族兄楊國忠當了宰相。安史之亂爆發後，禁軍認為是楊國忠導致了這場叛亂，便殺死了他。

備受責罵的宰相

南宋時期，宰相秦檜為了附和宋高宗，力主向金國求和，設計殺害了抗金名將岳飛。數百年來，秦檜備受責罵，是大奸臣的代表性人物。

武藝最高的大臣

清朝時，大臣鰲拜號稱「滿洲第一勇士」。他把持朝政，獨斷專行。年少的康熙帝秘密訓練了十幾個年輕力壯的摔跤手，施以突襲，抓住了鰲拜。

用計襲烏巢

案件難度：

　　曹操與袁紹的大軍在官渡對峙。曹操得到一個情報，知道了袁紹大軍的糧草存放在烏巢，於是率軍前去突襲。然而袁軍糧倉周圍地形複雜，曹操一時無從下手，便決定在糧倉外伺機伏擊袁軍。小神探，請你幫助曹操選擇最適合的伏擊地點，並根據曹軍卧底的密信，找到烏巢守將淳于瓊的營帳。

案件任務

一 幫助曹操從五處地點中選擇最適合伏擊的地點。

二 根據卧底的密信找到守將淳于瓊的帳篷。

曹將

火勢兇猛，敵軍會慌張地就近尋找河流來滅火，伏擊地點應該選在距離河流不遠的地方。

謀士

我們要埋伏在樹叢裏，避免被過早發現！另外，平緩的山坡能節省將士的體力。

曹操

必須儘早選出適合伏擊敵軍的地點，然後抓住守將淳于瓊。這封密信能幫助我們鎖定淳于瓊所在的帳篷。

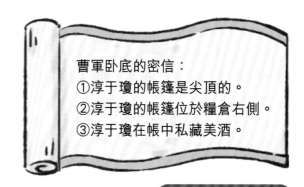

曹軍臥底的密信：
①淳于瓊的帳篷是尖頂的。
②淳于瓊的帳篷位於糧倉右側。
③淳于瓊在帳中私藏美酒。

答案在第52頁 ▶

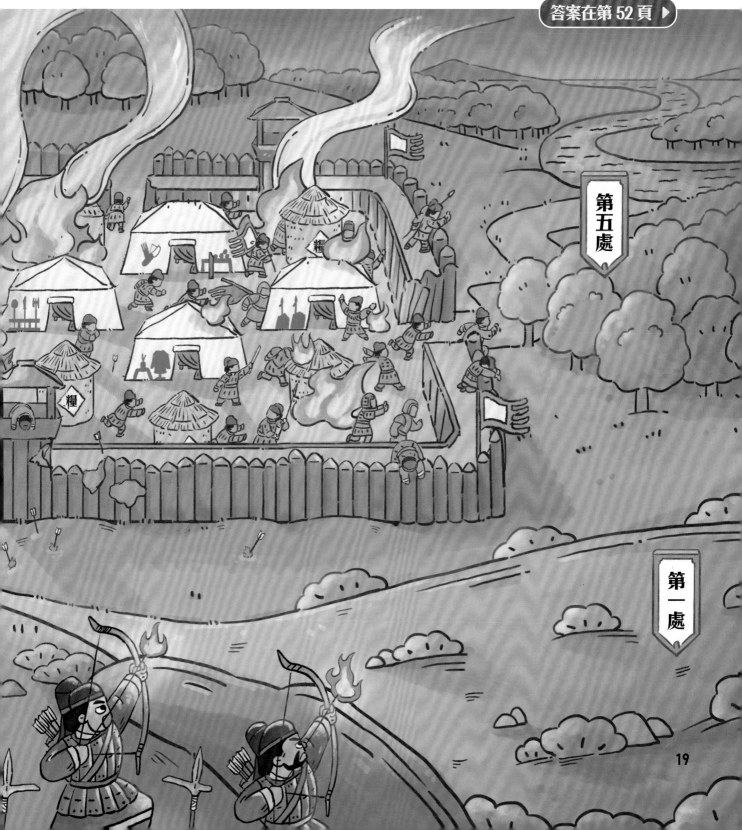

第五處

第一處

官渡之戰

　　機智的小神探幫助曹操成功突襲了烏巢，燒光了袁紹大軍的糧草。袁軍大亂，曹操一舉贏得了官渡之戰的勝利，袁紹兵敗後得病，最終身亡。曹操瓦解了袁紹的勢力後，擊退北方遊牧民族，讓連年征戰的北方重新統一。志得意滿的曹操將征討江南地區作為下一個目標。

東漢羣雄那些事

東漢末年羣雄輩出，成就了一個個精彩的風雲人物故事。

雄才大略的曹操

　　曹操通過戰爭統一了北方，讓百姓恢復生產，還任用了大量寒門子弟，使到後來的魏國成為三國（魏、蜀、吳）中實力最雄厚的國家。

目光短淺的袁術

　　袁術是袁紹的弟弟，他意外得到傳國玉璽（帝皇的信物）後，不顧眾人勸說就草草稱帝，最終眾叛親離，鬱鬱而終。

主動讓賢的陶謙

　　曹操圍困徐州，徐州牧陶謙自知命不久矣，他認定劉備是個高尚而且能力出眾的人，便立下遺囑把徐州讓給他。

引狼入室的韓馥

　　冀州牧韓馥（粵音福）害怕公孫瓚的進攻，想請袁紹來幫忙，結果被袁紹奪取了地盤，最終自殺身亡。

解謎尋孔明

案件難度：☆ ☆

　　寄居在荊州的劉皇叔劉備十分渴求人才。有一天，他得知南陽隆中名叫諸葛亮的人是難得的人才，就趕緊前去拜訪，卻撲了空。小神探，請幫助劉備找出諸葛亮的茅屋是哪一間，並算出他下一次應該什麼時候來才能見到諸葛亮。

案件任務

一 通過童謠分辨出諸葛亮的茅屋是哪間。

二 劉備應該等到第幾天再來？

牧童

兩個燈籠兩扇窗，
屏風面上畫星象。
案上古琴有七弦，
白毛羽扇牆上掛。

書童甲

根據牧童所唱的童謠，
你可以辨別到諸葛先生
的茅屋是哪一間了。

22

書童乙

地面上刻着十二時辰以及與之對應的十二生肖，諸葛先生是今天卯時離家的，他讓我從他離家開始，每五個時辰敲一次鐘。

書童丙

諸葛先生說等到敲鐘時，對應的生肖正好是龍，他就會回家。你到那天再來找他吧。

每天到了子時就結束，後面的時辰是下一天的開始。

答案在第53頁 ▶

隆中對

劉備在小神探的幫助下得知了諸葛亮到家的時間，便再次去隆中拜訪，終於見到他了。諸葛亮分析了天下的形勢，為劉備制定了奪取荊州、益州，三分天下的戰略。從此，在諸葛亮的輔佐下，劉備逐步建立起蜀漢政權。

三國謀士那些事

「謀士」是指那些為自己主公效力的人，他們為了主公出謀劃策，排憂解難。

龐統與落鳳坡

龐統的才學足以比肩諸葛亮。他輔佐劉備奪取益州時，在一個名叫落鳳坡的地方中箭身亡，因為他號鳳雛，所以世人認為他在落鳳坡遭難是「天意」。

曹操赤腳迎許攸*

許攸因為得不到袁紹的賞識，便投奔曹操。當許攸來到曹操帳前時，曹操光着腳跑出來迎接，他很感激，於是把火燒烏巢的計策獻給曹操。

> 食之無味，棄之可惜。

自作聰明的楊修*

楊修愛揣測曹操心思。一天，傳令官誤將曹操隨口說出的「雞肋」當作口令，楊修推測曹操有意撤兵，跟大家說主公認為漢中這塊地盤如同雞肋，吃起來無味，丟了又可惜，結果被曹操處死。

蔣幹盜取假情報*

赤壁大戰前夕，蔣幹向曹操自薦去說服東吳大都督周瑜來投降，可是周瑜早就識破他的心思，利用與他同窗的關係，製造了假情報供他竊取。蔣幹將假情報帶給曹操，使曹操錯殺了手下大將。

曹兵甲

曹丞相出逃之前命令八位將士假扮成他的模樣來迷惑追兵，其中有步行的，也有騎馬的，但是穿着都與他本人相似。

曹兵乙

曹丞相惜命，唯恐逃跑不夠快。我記得營地遇襲前，他身披紅色的披風。

設伏計劃

華容道山高林密，道路複雜，請結合以下五位將軍的優勢，
派他們到合適的設伏地點，並把貼紙貼在對應的地名旁。

關羽帳下都是精銳的士兵，可以前往華容道的東北方向，那裏有一處兩側狹窄、北面開闊的地點，突然殺出，必定讓曹操插翅難飛。

張飛訓練了一批強壯的士兵，讓他前往有筆直粗大的樹林和布滿碎石的山坡，就地取材用滾木和石頭挫敗曹軍。

趙雲能百步穿楊，平日負責訓練善用弓箭的士兵，讓他埋伏在山崖上的制高點，曹操從下方小路經過時，可以居高臨下進行襲擊。

周倉動作敏捷，他負責訓練善於攀爬的斥候（偵察敵情的哨兵）。他應該在樹幹蜿蜒粗大、枝葉茂密的林子裏設伏。

讓劉封帶領一支隊伍前往地勢平坦、滿是奇形怪狀石頭的地點，曹軍走到這裏必定疲憊困頓，劉封率軍殺出，令曹操措手不及。

② 牛頭山

① 斧劈峯

曹軍中了我的埋伏，損失不小，
曹操頭也不回地朝我設伏地點的
東北方向逃走。

趙雲

曹操經過時，我一殺出嚇得他大
驚失色，朝着我設伏地點的東南
方向奔逃。

張飛

關鍵發言人

設伏擒曹操

案件難度：☆ ☆ ☆

　　曹操率領大軍南下進攻劉備和東吳孫權，在赤壁之戰被孫劉聯軍打敗。曹操倉皇出逃，為了掩護自己，他用了一輩替身混淆視線。小神探，請給聯軍找出真正的曹操，並幫助諸葛亮分析曹操的逃亡路線，制定埋伏計劃。

案件任務

一　找到真正的曹操。

二　用貼紙幫諸葛亮給五位將軍選擇適合伏擊的地點。

三　**判斷出曹操的逃亡路線。**

三分天下

在小神探的幫助下，各路大軍出擊，但曹操還是逃跑了，並退回到北方。劉備趁機奪取了荊州，再向西進發取得了益州，擁有了自己的地盤。至此，曹操擁有除了遼東以外的北方各州，孫權佔據江東之地，劉備得到荊益兩州，三分天下的局面開始形成。劉備留下大將關羽鎮守荊州，為北伐曹操做準備。

曹魏那些事

三國羣雄之一的曹操，膝下有多名為後世熟悉的兒子，麾下更是名將輩出，一起來認識這些人物。

曹植七步成詩

才情洋溢的曹植是曹操第三子，被建立魏國的曹丕猜忌。在古代小說《世紀新語》中曹丕命他七步之內作出詩來，否則殺了他。果然曹植七步成詩，寫下「本是同根生，相煎何太急」的名句。

許褚赤膊上陣

曹操的部下許褚，在《三國演義》中曾經打着赤膊與猛將馬超鬥上數百回合，被曹操叫作「虎痴」。後來曹操去世，許褚痛哭到嘔血暈厥。

曹沖稱象

曹沖是曹操最小的兒子，從小聰慧過人。一天，曹操想得知大象的重量，所有人都不知所措，只有曹沖想到讓大象上船，在吃水線處留下刻痕，再找其他東西代替大象，稱一下這些東西的重量，就得知大象的重量了。曹沖因病早逝，令曹操十分難過。

③落葉嶺

⑥巨石溝

④妖怪林

⑤怪石林

周倉

我等了大半天也沒見到曹軍，反倒是我埋伏地點正東方向的不遠處傳來曹軍的喊殺聲。

關羽

我看見曹軍渾身濕漉漉地進入我的設伏地點，而這也是他們在華容道最後經過的地點，但我念及曹操的舊恩，將他放走了。

答案在第 53 頁 ▶

北
西 東
南

⑧ 葫蘆嘴

⑦ 鷹嘴渠

根據四位將軍的描述得知曹操逃亡所經過的地點，請判斷以下三條路線哪一條才是曹操真正的逃亡路線。

甲路線：①→③→⑤→⑥→⑧

乙路線：①→②→④→⑤→⑧

丙路線：①→③→⑤→⑦→⑧

曹兵丙

曹丞相的眼角上挑，每次他檢閱隊伍時，我見到他都感到害怕。他額頭上還有一道淺淺的疤痕。

東吳將領

我們夜襲曹營時，他們還在酣睡，曹操出逃一定來不及戴上髮冠，肯定是匆匆將頭髮盤起來就上路了。

吳軍攻勢迅猛，真正的曹操一定在他們之中，細心觀察就能找出來。

答案在第 53 頁 ▶

情報失竊案

案件難度：☆ ☆

　　關羽為了奪取曹操佔據的襄陽和樊城，發動了進攻戰爭，取得了連串勝利。這天，關羽回營後發現許多士兵因為飲用井水而腹瀉，而重要的情報也被偷了。小神探，你能幫關羽找到情報，並且查出偷竊情報與下藥的間諜分別是誰嗎？

案件任務

一 找到被偷的情報。

二 幫關羽找到偷情報的間諜。

三 幫關羽找出往井水裏下藥的間諜。

關羽
可恨的間諜不僅在井水裏下藥，還偷走我軍情報✎，現在營門緊閉，情報肯定還沒被帶出去。

參軍
我之前看到一個蒙面的傢伙，他逃跑時右腿被木樁劃傷了。

伙夫
我聽見關將軍營帳左側有兩個人説話，其中一人讓另一人行事小心，沒有繃帶止血容易失血過多暴露行蹤，先混在人羣裏休息。

李四

我在帳外練武，看見三號營帳的王五到四號營帳外叫人。

王五

我去打水，回來路上聽見大家議論井水被下藥，然後我到宋六帳外告訴他。

宋六

知道井水出問題之前我哪兒也沒去，在帳中看書。

答案在第 54 頁 ▶

大意失荊州

　　小神探幫助關羽揪出了偷情報的間諜。就在關羽躊躇滿志進行北伐時，東吳的軍隊趁機發動了偷襲，奪取了關羽的大後方南郡，關羽大敗被俘，丟掉了性命，荊州落入東吳的手中。

　　之後，曹操去世，他的兒子曹丕稱帝，隨後劉備、孫權也相繼稱帝，開啟了魏、蜀、吳三國鼎立的局面。

關羽那些事

　　關羽在桃園，與劉備和張飛結為異姓兄弟，發誓同生共死。他一生追隨劉備，忠義俠膽。在他身上，有什麼著名事件呢？

宴上護劉備

　　在小說《三國演義》中，東吳大都督周瑜曾邀請劉備赴宴，設計在筵席上殺害劉備，可關羽威武地站立在劉備身後，讓周瑜有所顧忌，劉備最終得以安全離開。

斬殺顏良

　　關羽曾被曹操俘虜，他與曹操約定，若能建立軍功，曹操就要放他去尋找劉備。於是在官渡之戰中，關羽在曹、袁兩軍交戰時奔入袁紹陣中斬殺了大將顏良。

刮骨療毒

　　關羽曾被毒箭射中手臂，經醫師診斷毒素已經進入骨頭，必須刮除骨頭上的毒素。刮骨時關羽鎮定自若地下棋。

驕傲的關羽

　　劉備封關羽為前將軍，封年老的黃忠為後將軍，關羽得知後十分生氣，說：「大丈夫終不與老兵同列！」

交易的困擾

案件難度：⭐ ⭐

劉備稱帝後想替關羽報仇，準備討伐東吳。為了備戰，劉備派蜀國商人來到宛城的馬市購買戰馬。馬市各商家展示着自家的馬匹，但品質卻參差不齊。請你根據飼養環境與馬匹外觀，判斷出四個商家中哪個是沒有戰馬的商家，並幫助蜀國商人購得最多馬匹。

案件任務

一 幫蜀國商人排除飼養環境差，並且沒有戰馬的商家。

二 根據四個商家提供的價格，幫助蜀商買到最多的馬匹。

關鍵發言人

太胖或太瘦、毛髮有雜色、精神不振的是普通馬，都不能算作戰馬。馬匹飼養環境必須乾淨，草料充足。

管家

官府規定我們至少帶回一匹戰馬。要仔細分辨，那種飼養環境不好，一匹戰馬都沒有的商家我們就不作考慮。

答案在第 54 頁 ▶

馬市商人

蜀國產的蜀錦在我們這兒能作為貨幣進行交易，兩匹蜀錦價值一萬錢。

馬市官員

來往的客商聽好了，全部馬匹交易完成後必須繳納一萬錢作為稅金，方可將馬匹帶回去。

蜀國商人

我們這次帶來了十萬錢與十匹蜀錦。我該去哪家買普通馬，哪家買戰馬，才能買到最多馬呢？

張家馬市：

普通馬價格：二萬五千錢

戰馬價格：六萬錢

老劉馬舖：

普通馬價格：二萬錢

戰馬價格：九匹蜀錦

趙氏馬莊：

普通馬價格：五匹蜀錦

戰馬價格：五萬錢

王記馬舖：

普通馬價格：二萬三千錢

戰馬價格：八匹蜀錦

蜀漢經濟崛起

在小神探的助力下，蜀商順利完成了交易，將馬匹帶回蜀國。劉備稱帝後，由於蜀國的農業未受戰爭破壞，工商業發展較快，市場貿易比中原更活躍。蜀國的絲織業相當發達，蜀錦名揚天下，常被用來交換北方的戰馬或其他物資，以應戰爭之需。

貿易那些事

貿易不只是市場上的買賣活動，還包括打通中外往來的國際交易。

連接中外的貿易

西漢時，張騫受命出使西域，開通了連接中外貿易的「絲綢之路」，將絲綢、茶葉等商品帶到中亞、西亞和歐洲。

不「花錢」的貿易

南北朝時期，由於市場上缺乏錢幣，加上貨幣制度不統一，人們寧願使用穀物和布帛交易，也不使用貨幣。

「蝕本」的海上貿易

明朝時，鄭和七次下西洋。每到一地，他便大量贈送中國的禮品。這種看似蝕本的交易實則促進了中國和亞非各國的經濟、文化交流。

最有害的貿易

清末時，英國向中國大量輸入鴉片以賺取白銀。清政府由此展開了禁煙行動，而英國則以維護「正當」貿易為名出兵，引發了鴉片戰爭。

神算助北伐

案件難度：✩ ✩ ✩

　　劉備死後，諸葛亮主導北伐。蜀國對魏國的戰爭開始了，可是大軍的運輸隊遭遇塌方，需要儘快找到散落在山崖上的秘密裝備，並選擇一條正確的路線到達前線大營。同時，諸葛亮正在大營操練陣法，但總有粗心的士兵站錯隊伍。小神探，你能幫助焦頭爛額的運輸隊和粗心的士兵解決問題嗎？

案件任務

一 在山崖上找到以下物品：

木牛流馬×2　　諸葛連弩×4　　孔明燈×4

二 從地圖中選擇最快到達前線大營的路線。

三 找出排列錯誤的隊伍，在空白處填上解決方法。

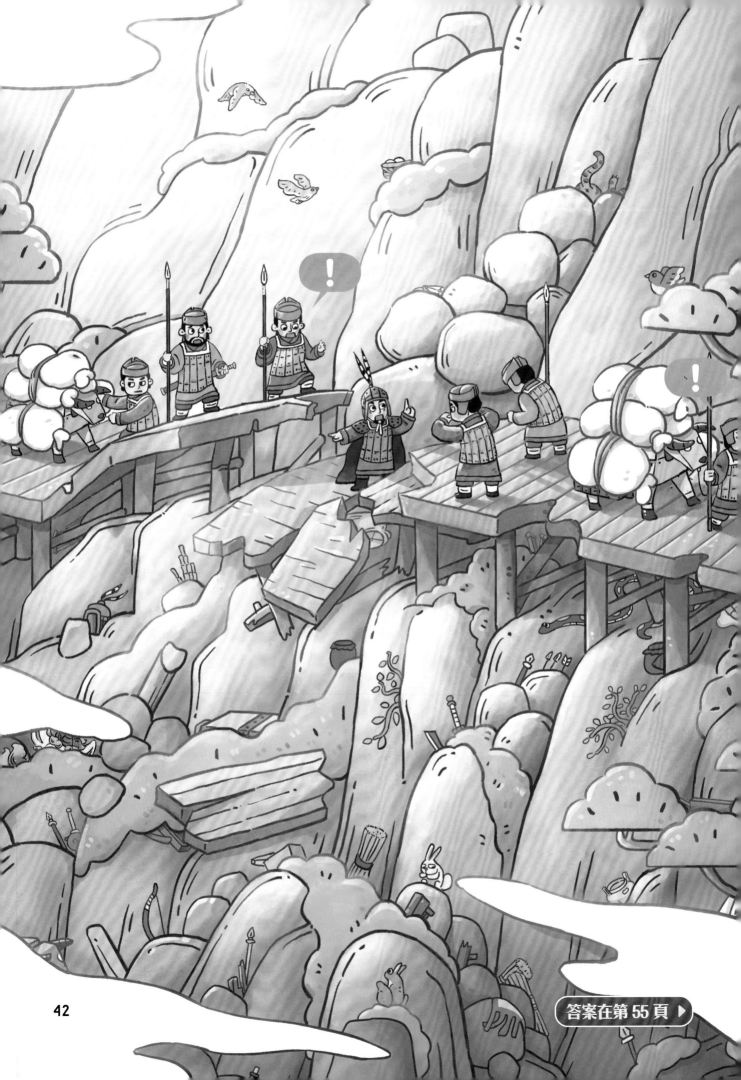

答案在第 55 頁 ▶

~ 鞠躬盡瘁 ~

　　通過小神探的協助，蜀國贏得了這次北伐戰爭。諸葛亮擔任蜀國丞相期間，五次北伐魏國，他總能打得魏軍丟盔棄甲，可部下的失誤與後主劉禪的昏庸讓他幾次與勝利失之交臂。由於他過度操勞，五十四歲便病逝。

蜀國那些事

　　公元二二一年，劉備稱帝，國號漢，史稱蜀國或蜀漢。他死後，由兒子劉禪繼位，但他不務正業，令國運日衰，蜀國最終被曹魏消滅。

狠人劉備

　　歷史上劉備曾經鞭打羞辱自己的上級，還在兵力屢弱的情況下打敗由曹軍大將夏侯惇率領的數萬大軍，勇武過人。

諸葛亮治蜀

　　諸葛亮在治理蜀國的十二年內，平定西南，興修水利，不斷屯田增加糧食產量，鼓勵紡織。

姜維北伐

　　姜維作為諸葛亮的「徒弟」，先後進行十一次北伐，勝多敗少，但由於蜀國國力消耗嚴重，北伐取得的成果越來越少。

扶不起的劉禪

　　劉禪在位期間放縱享樂，政務交由諸葛亮、蔣琬等大臣管理。蜀國的人才逐漸流失，他還寵信宦官，致使蜀國衰敗。

諸葛亮

我的陣法能抵禦四面來犯的敵人。現在陣中人數排列出現了差錯，大大降低克敵效果，我要趕緊找到出現差錯的隊伍！

蜀兵

丞相要求甲、乙兩隊人數一致，丙隊與己隊人數一致，丁隊與戊隊人數相同，庚隊與辛隊人數一樣。操練之前戊、己、庚三隊接受過丞相的檢閱，是不會出差錯的！

蜀將

丁、戊、庚三隊的旗幟破損，分辨不出彼此。我只記得戊隊人數為甲隊與乙隊的總和減九人，丁隊人數是丙、己兩隊的總和減十人。我跟着訓練了好幾天也沒發現差錯呀！

請選擇需要調整人數的隊伍，並在括弧中填寫增加（＋）或者減少（−）相應人數，來恢復正確的陣型。

甲隊（　　　）　丙隊（　　　）　辛隊（　　　）

乙隊（　　　）　丁隊（　　　）

答案在第 55 頁 ▶

關鍵發言人

蜀兵甲

翻越諸葛丞相所繪地圖中的大山需要兩日，穿過森林會耽擱一日，穿行荒原需要四日。

蜀兵乙

我們十日內要到達前線大營，地圖上有四條路，每一條都標注了走完不同路段所需的時長，結合跨越大山、森林、荒原的耗時，我們應該選擇哪條路才能最快到達呢？

行軍地圖

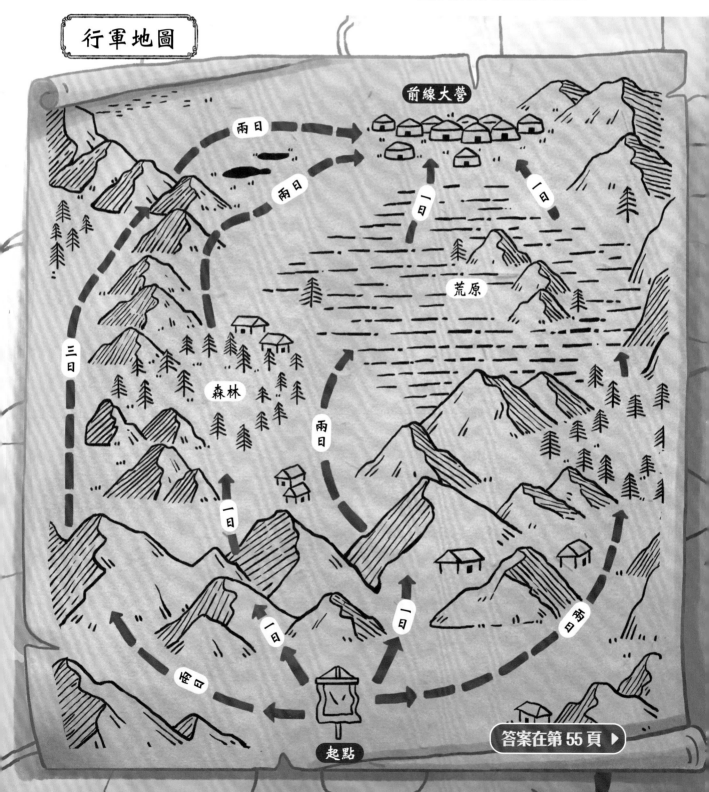

前線大營

兩日

兩日

一日

一日

荒原

三日

森林

兩日

一日

一日

一日

兩日

答案在第 55 頁 ▶

起點

司馬懿的陰謀

案件難度：⭐

　　三國後期，魏國太傅司馬懿和大將軍曹爽爭奪朝廷大權。為了瞞住對手，司馬懿表面上假裝生病，暗地裏卻與多位大臣通過書信謀劃政變。曹爽派官員探望司馬懿，儘管司馬懿十分謹慎，但還是留下了裝病的蛛絲馬跡。小神探，你能找到司馬懿與大臣密謀的書信，並發現他裝病的證據嗎？

案件任務

一 找到司馬懿與大臣密謀的五封書信。

二 找到司馬懿裝病的四個證據。

大廳看似亂糟糟的，其實藏着許多密謀政變和裝病的證據。

家丁甲

這些年來老爺記性越來越差，房間到處都貼着提醒他日程的便條。

司馬師

房間中但凡做上標記🐟的都是父親的密謀書信，可不能被發現。

管家 老爺吩咐過房中的物件一概不許兩位公子和下人觸碰。

家丁乙 老爺連下牀的力氣都沒有了,手抖得拿不起任何重物。目前也只能喝粥,對任何葷菜都不感興趣。

司馬昭 父親神志不清已經許久了,書寫和下棋都已經力不從心。

答案在第 55 頁 ▶

三家歸晉

小神探發現了司馬懿的陰謀，但不久後司馬懿還是發動政變奪取了魏國大權。後來司馬懿的兒子司馬昭滅掉蜀國，司馬昭死後，他的兒子司馬炎廢魏帝自立，建立了晉朝。公元二八〇年，司馬炎滅吳，分裂了近百年的天下再次統一，三國時代就此落下帷幕。

司馬家那些事

司馬懿輔助曹操打天下，卻一直懷有虎狼之心。不過，直到臨終，他也沒自立稱帝。反而是他死後，由他的孫子篡魏，建立晉朝。

司馬懿收到過女裝

諸葛亮北伐期間和司馬懿對峙，諸葛亮將一套女裝送給司馬懿，想要激怒他出戰，司馬懿故作生氣卻不上當。

和睦的好兄弟

司馬懿的兩個兒子在魏國掌政時鮮有矛盾，因為他們要攜手對抗魏國宗室，而且司馬師沒有兒子，日後權力會落在弟弟司馬昭手中，自然不會兄弟相爭。

批完再睡吧。

優秀的好孫子

司馬懿的孫子司馬炎建立了晉朝，統一了天下。他在位期間勵精圖治，其統治時期被稱為「太康之治」。

八王之亂

晉武帝司馬炎去世後，司馬家八個親戚為了爭奪皇位相互廝殺。剛得到休養的晉朝又陷入了一場長達十六年的腥風血雨之中。

妙計平紛爭

案件難度：☆

任務一

有三位長官的佩劍不小心弄丟了，你能幫他們找到嗎？

任務二

將各長官正確排序，並用貼紙將他們貼在座次表中。

第一：袁術　第二：韓遂　第三：劉岱　第四：張邈

第五：孫堅　第六：王匡　第七：曹操

夜送衣帶詔

案件難度：★☆

任務一
找到能夠逃出皇宮的宮門。

根據宦官乙的發言，北門由三位御林軍的士兵和一位軍官把守，董承所帶的一千錢剛好能從這裏通過。通過其他宮門所需要錢則超過了一千錢。

任務二
找到一條安全的出逃路線。

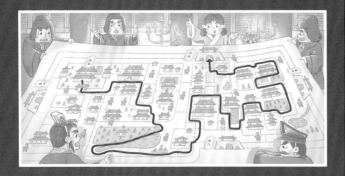

根據宮女發言，地圖上站崗的士兵為曹兵，選擇的逃跑路線必須繞開他們。

用計襲烏巢

案件難度：★☆

任務一
幫助曹操從五處地點中選擇最適合伏擊的地點。

伏擊地點要符合靠近河流、樹木茂密、地勢平緩這三個條件。仔細觀察地形，最符合這三個條件的地方就是第五處地點。

任務二
根據臥底的密信找到守將淳于瓊的帳篷。

密信中淳于瓊的帳篷在糧倉的右側，並且為尖頂，帳篷中還藏着美酒。通過觀察可以發現，圖中所圈旳帳篷不僅有尖頂，也符合位置在糧倉右側這一條件，帳篷中還有酒罈的影子。

解謎尋孔明

案件難度：⭐⭐

任務一

通過童謠分辨出諸葛亮的茅屋是哪間。

根據童謠表述，可以斷定諸葛亮的茅屋就是這間。

任務二

劉備應該等到第幾天再來？

小咕嚕提示我們到了子時一天就結束，圖中小圈表示敲鐘一次。按順時針數到第三天的辰時敲鐘便會對應生肖龍，諸葛亮就會回來。所以，劉備應在第三天再來。

設伏擒曹操

案件難度：⭐⭐⭐

任務一

找到真正的曹操。

綜合各人對曹操的特徵描述，加上他很惜命，必定選擇騎馬，所以真正的曹操就是他。

任務二

用貼紙幫諸葛亮給五位將軍選擇適合伏擊的地點。

將設伏計劃中五位將軍的特點與圖中地形特點相結合，便知道答案。

任務三

判斷出曹操的逃亡路線。

曹操的隊伍首先在①斧劈峯與趙雲交手，隨後在趙雲所在的東北方向，即③落葉嶺碰上張飛。周倉說他的正東方向有喊殺的聲音，說明曹操經過⑤怪石林。最後關羽說曹操一行渾身濕漉漉地進入埋伏點，顯然曹操是沿着⑦鷹嘴渠北上到達⑧葫蘆嘴。所以曹操的逃亡路線為丙路線：①→③→⑤→⑦→⑧。

情報失竊案

案件難度：⭐⭐

任務一
找到被偷的情報。

任務二
幫關羽找到偷情報的間諜。

根據參軍和伙夫描述，那個偷情報間諜的右腿受傷，並且沒有繃帶。圖中這人與條件吻合。

任務三
幫關羽找出往井水裏下藥的間諜。

下藥的間諜是宋六。他謊稱自己一直在帳中看書。因為去過水井的人都會留下水漬且草地上出現了血跡，結合伙夫的描述，偷情報的間諜正與宋六密會。

交易的困擾

案件難度：⭐⭐

任務一
幫蜀國商人排除飼養環境差，並且沒有戰馬的商家。

圖中趙氏馬莊飼養環境不乾淨，馬槽裏也沒有充足的飼料。欄中馬匹不是太瘦就是太胖，毛髮間有雜色，並沒有達到蜀國商人的購買標準。

任務二
根據四個商家提供的價格，幫助蜀商買到最多馬匹。

十匹蜀錦價值五萬錢，加上蜀國商人帶來的十萬錢，總共十五萬錢。去除一萬錢稅金，剩下十四萬錢。王記馬舖的戰馬為四萬錢，最便宜。老劉馬舖的普通馬為兩萬錢，最便宜。因為至少要購買一匹戰馬，所以可以用四萬錢在王記馬舖買一匹戰馬，用十萬錢在老劉馬舖買五匹普通馬，買得最多的六匹馬。

神算助北伐

案件難度：⭐⭐☆

任務一

在山崖上找到以下物品。

木牛流馬 × 2

諸葛連弩 × 4

孔明燈 × 4

任務二

從地圖中選擇最快到達前線大營的路線。

這條路線所需時間最短，只要七日。

任務三

找出排列錯誤的隊伍，在空白處填上解決方法。

請選擇需要調整人數的隊伍，並在括弧中填寫增加（＋）或者減少（－）相應人數，來恢復正確的陣型。

甲隊（ 0 ）　丙隊（－1人）　辛隊（－1人）

乙隊（ 0 ）　丁隊（＋2人）

戊隊、己隊、庚隊沒有出錯，甲乙兩隊人數也一致，那麼出錯的是丙隊、丁隊、辛隊。根據蜀兵發言得知丁隊目前為五人，戊隊目前是七人，剩下一隊就是庚隊。解決辦法是從丙隊與辛隊各抽調一人補充到丁隊。

司馬懿的陰謀

案件難度：⭐

任務一

找到司馬懿與大臣密謀的五封書信。

任務二

找到司馬懿裝病的四個證據。

○ 家丁乙説司馬懿每天喝粥，牀下卻藏着葷菜。

○ 司馬昭説他神志不清，書櫃下卻放有棋子被移動過的棋盤。

○ 家丁乙説他下不了牀，但他將劍藏在屏風下。

○ 司馬懿的手、衣袖和鞋上都沾到了打翻的墨水，説明他去桌案旁書寫過。

小咕嚕在這裏！

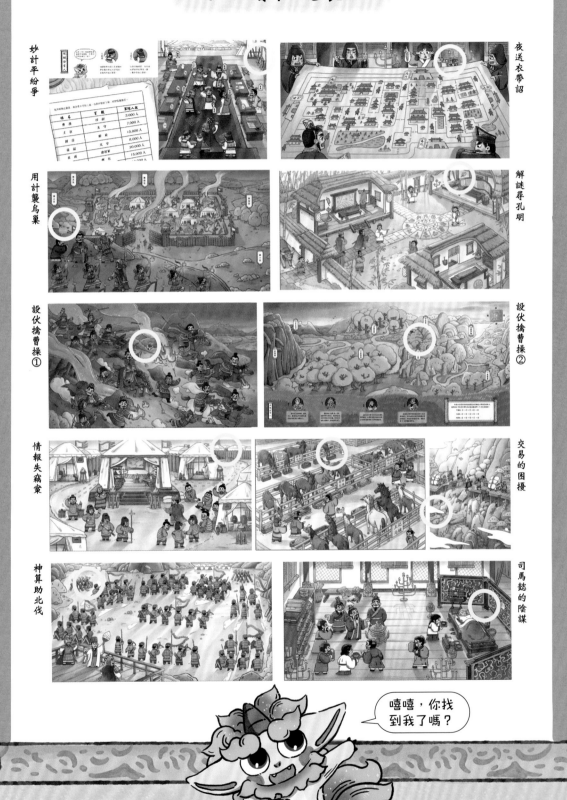

妙計平紛爭

夜送衣帶詔

用計襲烏巢

解謎尋孔明

設伏擒曹操①

設伏擒曹操②

情報失竊案

交易的困擾

神算助北伐

司馬懿的陰謀

嘻嘻，你找
到我了嗎？